CONGRÈS INTERNATIONAL D'HYDROLOGIE ET DE CLIMATOLOGIE
DE BIARRITZ

1886

RAPPORT

SUR

L'ÉTUDE CHIMIQUE DES EAUX AZOTEES D'ESPAGNE

PAR

GUSTAVE SAENZ-DIEZ

Docteur ès - sciences physiques, Ai le de la Faculté des Sciences de
l'Université de Madrid et medecin auxiliaire de l'Etablissement
thermal d'Urberuaga d'Ubilla. (Biscaye-Espagne)

BAYONNE

L. LASSERRE, IMPRIMEUR-LIBRAIRE

1886

RAPPORT

SUR

L'ÉTUDE CHIMIQUE DES EAUX AZOTÉES D'ESPAGNE

CONGRÈS INTERNATIONAL D'HYDROLOGIE ET DE CLIMATOLOGIE
DE BIARRITZ

1886

# RAPPORT

SUR

L'ÉTUDE CHIMIQUE DES EAUX AZOTÉES D'ESPAGNE

PAR

GUSTAVE SAENZ-DIEZ

Docteur ès-sciences physiques, Aide de la Faculté des Sciences de
l'Université de Madrid et médecin auxiliaire de l'Établissement
thermal d'Urberuaga d'Ubilla. (Biscaye-Espagne)

BAYONNE

L. LASSERRE, IMPRIMEUR-LIBRAIRE

—

1886

Messieurs,

C'est avec une véritable allégresse, mais non sans une certaine crainte, que j'ose prétendre occuper votre attention, du moins pour quelques instants : allégresse causée par la présence des éminents docteurs que j'ai toujours admirés, et dont les travaux sont les sources où l'homme avide de connaissances concernant l'Hydrologie et la Climatologie médicales va éteindre sa soif; crainte produite par le grand contraste que forment avec le vôtre ma faible valeur et mes forces si restreintes.

Mais ce qui m'encourage, c'est non seulement la certitude que vous excuserez les fautes que je pourrai commettre dans le cours de ce travail, rédigé en quelques heures, au milieu des fatigues qu'offrent nos tâches professionnelles, mais encore l'espérance qu'avec votre aide et votre bienveillance, dont on n'a jamais douté, nous pourrons. nous médecins des deux côtés des Pyrénées, arriver un jour à être d'accord sur les eaux azotées espagnoles, dont je vais rapidement faire l'étude chimique.

Il est surprenant, Messieurs, pour nous tous qui connaissons votre sincérité et votre ardent désir de marcher toujours à la tête du mouvement scientifique de notre époque, de voir le peu d'importance que vous attachez à cette étude, et que l'on attache en général, dans les œuvres françaises d'Hydrologie médicale, aux eaux azotées de mon pays, dont vous paraissez douter même de l'existence. Ces eaux, qui viennent figurer depuis déjà plusieurs années dans nos classifications d'eaux minérales, n'occupent pas, à ma manière de voir, le rang qui leur doit correspondre dans les vôtres, puisque vous les placez dans la seconde classe de la famille des *Indéterminées* et que vous n'en parlez que très brièvement.

Je voudrais éviter cela et arriver à ce que, dorénavant, l'on ne transcrive plus dans vos œuvres précitées des analyses incomplètes, qui, comme celles d'Herrera (relatives aux eaux azotées de Panticosa), se firent il y a près d'un demi-siècle, quand il n'y avait en Espagne que peu de moyens *ad hoc*. Maintenant que nous avons d'autres analyses, beaucoup plus récentes, qui réunissent toutes les conditions de précision qu'exige la chimie analytique moderne, je me suis décidé à vous exposer, avec la plus grande concision possible, les résultats analytiques des eaux azotées, desquels on déduit facilement et promptement les propriétés de ces dernières et leurs applications thérapeutiques.

Je pourrais vous rapporter en détail toutes les opérations qui ont été faites pour effectuer ces analyses, car des douze que j'expose, dix sont dues à mon père, avec qui je travaille depuis 1871, et j'ai l'assurance que l'on a suivi pour les deux autres une marche analogue à celles des précédentes.

Mais il serait fatigant et inutile de suivre attentivement cette marche analytique, que, d'un autre côté, vous pouvez juger en lisant les brochures que l'on a publiées concernant ce sujet.

Je crois uniquement devoir vous avertir que les travaux analytiques se divisent en deux parties :

A, ceux qui ont été effectués au pied des sources;

B, ceux faits dans les laboratoires.

Dans la première, on a soigneusement déterminé les propriétés physiques des eaux; on a recherché leurs origines en étudiant les sources et les conditions du terrain où se trouvent ces dernières; puis on a soumis les eaux, premièrement à l'état naturel, et, après les avoir concentrées jusqu'au dixième, à l'action des réactifs qui accusent l'existence ou l'absence des corps minéralisateurs. On a ensuite mesuré la capacité des sources, et on a déterminé plusieurs fois leur température ; puis on a fait évaporer de 450 à 500 litres de chaque eau minérale jusqu'à ce qu'ils fussent réduits au plus petit volume possible ; puis on a recueilli les résidus, que l'on a gardés dans des flacons hermétiquement fermés. Pendant que l'on faisait cette opération, on a déterminé les qualités et quantités respectives des gaz en dissolution dans les eaux et de ceux qui s'en dégagent spontanément, en faisant avec soin les corrections nécessaires de pression et de température ; ensuite, aux sources mêmes, on a rempli d'eau minérale des flacons en verre de capacité bien mesurée, dans lesquels on avait antérieurement versé des volumes connus de dissolution de chlorure de calcium ammoniacal pour la détermination de l'acide carbonique total.

Les travaux effectués dans les laboratoires comprennent les analyses micrographiques et spectroscopiques, et les déterminations des quantités des corps dont l'existence avait été mise en évidence par l'analyse qualitative précitée.

Ces déterminations se firent en double, pour prendre la demi-somme pour résultat, en les répétant plusieurs fois dans les cas où il n'y eût que peu de concordance entre les poids trouvés.

On détermina les densités par la méthode du flacon, et les principes fixes en évaporant des volumes connus de chacune des eaux azotées dans des capsules de platine déjà pesées, et dans des étuves d'air chauffées entre 112° et 160° centigrades jusqu'à ce que le résidu ne variât pas de poids.

On détermina aussi pour chaque eau les poids totaux de l'acide sulfurique et de celui combiné avec les terres et alcalis ; de celui de l'acide carbonique et de celui qui est combiné avec les terres et alcalis ; celui du chlore, de la silice libre et des silicates ; celui des oxydes de fer, manganèse, alumine et acide phosphorique ; celui de la chaux, magnésie, totales et combinées ; celui de la potasse, de la soude, de l'ammoniaque et de la lithine en totalité et dans leurs combinaisons ; celui de la matière organique dans les cas possibles, apparaissant englobée avec les corps que l'on n'a pas pesés, chez ceux où l'on n'a pu le faire directement.

Après cela on a procédé au calcul qui indique comment, d'une manière probable, les corps dont le poids était connu ont pu se grouper. Ceci dit, nous allons nous occuper des points d'où les sources jaillissent du sol.

Les quatre sources azotées de *Panticosa* (1), car j'en exclus une *(fuente del Estómago)* qui contient du gaz acide sulfydrique, jaillissent de roches granitiques très compactes, assez siliceuses, et contenant peu de mica, à une hauteur de 1.636 mètres au-dessus du niveau de la mer. Elles sont enclavées dans les Pyrénées faisant partie de la province de Huesca, et sont connues sous le nom de fontaines *del Higado, de los Herpes,* de *San Agustin* et *Purgante.* Elles sont à une distance de cinq heures de Laruns.

Les trois sources d'*Urberuaga d'Ubilla,* qui jaillissent de roches calcaires à différents niveaux de la rive droite d'une rivière (Ubilla), laquelle les sépare de la route départementale de Vizcaya, se trouvent à 60 mètres au-dessus du niveau de la mer et à 1º 11' longitude Est du méridien de Madrid et 43º 17' 30" latitude Nord. Elles appartiennent à l'arrondissement de Marquina (province de Vizcaya) et ne sont qu'à 52 kilomètres de Bilbao : on les désigne par les noms de *Fuente de Santa Agueda,* source de *San Juı ı Bautista* et de *San Justo* (2).

Il en existe deux à *Larrauri,* dans la province de Vizcaya, à 19 kilomètres de Bilbao, près des ports de Bermeo et Plencia, dans une délicieuse vallée de grande extension et de largeur considérable Elles sortent d'un terrain argileux, et se présentaient autrefois en une sorte de réservoir dont les fonds de sable s'agitaient constamment à la sortie de grosses bulles gazeuses. Aujourd'hui, bien recueillies et bien conditionnées pour leur usage, elles portent les noms de *Antiguo*

(1) Connues depuis plus d'un siecle, excep'e celle de *San Agustin,* que l'on découvrit en 1881.

(2) Quoique connues depuis un te nps ımmémorıal, ces eaux ne furen pas en usage avant 1870.

et *Moderno,* à cause des différentes époques de leur apparition (1).

Il y a encore une source à *Arlanzón;* elle est située près de la rive droite de la rivière de ce nom à une hauteur de 950 mètres au-dessus du niveau de la mer, et à 0°14'33" longitude Est du méridien de Madrid et 42°19'25" latitude Nord, dans un terrain de roches formées par du carbonate de chaux, assez de silice et du fer. Depuis déjà longtemps on lui donne le nom de *Fuen-caliente,* et on a déclaré d'utilité publique l'usage de ses eaux depuis 1882.

On en trouve encore une autre à *Alzóla* (Guipuzcoa), qui est située à la gauche d'une route qui relie Vergara à Deva, à 16 kilomètres de la première. Elle jaillit d'un terrain tertiaire, dans lequel on voit des roches calcaires et schisteuses plus ou moins compactes, et elle est connue et même mise usage depuis bien longtemps.

Celle de *Caldas d'Oviedo* sort de roches calcaires dans une caverne assez profonde, où toute exploration est difficile. Elle appartient à la province des Asturies, et ses eaux sont très renommées depuis de longues années.

Enfin celle de *La Aliséda,* qui est à une distance de 7 kilomètres de La Carolina, ville fameuse par sa proximité des mines de plomb argentifère et d'argent. Elle se trouve à 4 kilomètres de Santa-Elena (station du chemin de fer de la ligne de Madrid à Cadix), dans une charmante et pittoresque vallée de la Sierra Morena, dans la province de Jaen, de la fertile et poétique Andalousie. Elle sort d'un terrain argileux avec des couches schisteuses, sur les bords d'un ruisseau. On l'a nommée *Fuente de San José;* ses eaux sont en usage depuis l'année dernière seulement.

Toutes les eaux produites par ces douze sources sont claires, transparentes, incolores, inodores; elles dégagent beaucoup de bulles qui adhèrent aux parois des vases qui les contiennent. Ce dégagement augmente à mesure que l'on agite le liquide. Si on soumet ces eaux à une ébullition

---

(1) L'*Antiguo* est en usage depuis 1882. La *Moderno,* dont on a déterminé l'analyse il y a quelques mois, n'est en usage que depuis 1885.

prolongée, elles se troublent et forment un précipité blanc.
En général elles sont sans saveur, exception faite de *San
Agustin* et *Higado* (Panticosa), qui se présentent avec une
certaine âpreté ; de celles des trois sources d'Urberuaga
d'Ubilla, qui sont d'un goût acidulé, mais agréable ; et de
celles de *La Aliseda*, qui sont légèrement styptiques.

Toutes donnent une réaction neutre avec les papiers de
tournesol, moins celles d'Urberuaga d'Ubilla, qui donnent
une réaction légèrement acide ; et celles de *La Aliseda, Alzola*
et *Arlanzon*, dont la réaction est légèrement alcaline. La température des sources varie entre 42° et 17°,5 centigrades,
comme on peut le voir dans le tableau suivant :

Sources	Degrés centigrades
Caldas de Oviedo	42.
Alzola	30.
Panticosa *(San Agustin)*	30.
Id. *(Higado)*	27.5
Urberuaga d'Ubilla (les trois sources)	27.
Panticosa *(Purgante)*	26.
Id. *(los Herpes)*	25.5.
La Aliseda	19
Larrauri *(moderno)*	18.
Id. *(antiguo)*	17 5.
Arlanzón	17.5.

Quant à ce qui est de la quantité d'eau que produit chaque
source, en exceptant celle de *Caldas de Oviedo*, où l'on n'a pu
la déterminer, on trouve que toutes les 24 heures :

Urberuaga de Ubilla (3 sources) donne	. 782.928	litres.
Larrauri (2 sources), id	. . . 519.264	»
La Aliseda *(San José)* id	. 273.024	»
Alzóla	. 210.735	»
Arlanzon	. 172.800	»
Panticosa (4 sources), id	69.632	»

qui sont des quantités d'eau plus que suffisantes pour les
différents usages hydrothérapiques auxquels on les destine.

On a plusieurs fois déterminé les densités, et on a vu

qu'elles sont comprises entre 1,0015 (Caldas de Oviedo) et 1,000031 (Alzola). Elles sont données dans le tableau suivant :

Sources	Densités
Caldas de Oviedo.....	1,00150
Larrauri.	1,00132
La Aliseda....	1,00101
Arlanzón........	1,00061
Panticosa *(Higado)*	1,00021
Urberuaga d'Ubilla......	1,00018
Panticosa *(San Agustin)*	1,00017
Id. *(Purgante)*	1,00009
Id. *(los Herpes)*	1,00003
Alzola...	1,00003

Il est donc bien entendu que les sources dont nous nous occupons maintenant ont des gaz en dissolution dans l'eau. Et nous pouvons ajouter que ces derniers sont : l'azote, l'acide carbonique et une petite partie d'oxygène, lequel manque dans les *Fuente del Higado* et *Purgante* de Panticosa, et dans les *Fuentes de San José* de La Aliseda.

Les quantités de mélange gazeux dissous dans un litre de ses eaux correspondantes sont :

Sources. — Chaque litre d'eau donne : gaz en dissolution

	Centimètres cubes
Caldas de Oviedo	78,90.
Arlanzón........	49,35.
La Aliseda.	46.52.
Urberuaga d'Ubilla *(Santa Agueda et San Juan-Baulista)*..	45,75.
Larrauri *(moderno)*	36,00.
Urberuaga d'Ubilla *(San Justo)*	28,80.
Larrauri *(antiguo)*	27,54.
Alzola........	25,41.
Panticosa *(Higado)*	21,16.
Id. *(Herpes)*..	17,54.
Id. *(Purgante)*.	16,70.
Id. *(San Agustin)*	15,75.

Que l'on ne s'étonne pas de voir dans les dernières sources si peu de mélange gazeux dissous : ceci est en raison de leur grande hauteur et de leur température un peu élevée.

Les quantités de gaz qui composent ces mélanges sont pour la *Fuente del Higado*, de Panticosa :

Azote. . . . . 20cc74 ou soit le 98,03 pour 100
Acide carbonique . . . . . . 0, 42 — 1,97 —
————
Mélange 21, 16

Pour la *Fuente Purgante* de Panticosa :

Azote. . . . . 16cc26 ou soit le 97,36 pour 100
Acide carbonique . . . . . . 0, 44 — 2,64 —
————
Mélange 16, 70

Pour la source de *San José* de La Aliseda :

Azote . . . . 19cc59 ou soit le 42,12 pour 100
Acide carbonique. . . . . 26, 93 — 57,88 —
————
Mélange. 46, 52

Pour la *Fuente de los Herpes* de Panticosa :

Azote. . . . . 16cc64 ou soit le 94,88 pour 100
Acide carbonique . . . . . 0, 74 — 4,21 —
Oxygène. . . . . 0, 16 — 0,91 —
————
Mélange 17, 54

Pour la *Fuente de San Agustin* de Panticosa :

Azote . . . . 15cc07 ou soit le 95 74 pour 100
Acide carbonique . . . . 0, 53 — 3,51 —
Oxygène . . . . 0, 15 — 0,75 —
————
Mélange 15, 75

Pour la source de *Caldas de Oviedo* .

Azote. . . . . 16cc2 ou soit le 20,5 pour 100
Acide carbonique . . . . 60, 0 — 70,6 —
Oxygène. . . . . 2, 7 — 3,5 —
————
Mélange 78, 9

Pour la source de *Fuen Caliente* (Arlanzon).

Azote.................... 19cc36 ou soit le 39,02 pour 100
Acide carbonique....... 27, 85   —   56,65   —
Oxygène .... 2, 14   —   4,33   —
                      ————————
Mélange 49, 35

Pour la source d'Alzola.

Azote.................... 17cc200 ou soit le 67,68 pour 100
Acide carbonique....... 6, 947   —   27,35   —
Oxygène............. 1, 264   —   4,97   —
                      ————————
Mélange 25, 411

Pour les sources de *Santa Agueda* et de *San Juan Bautista* d'Urberuaga d'Ubilla.

Azote............. .... 32cc13 ou soit le 70,84 pour 100
Acide carbonique ...... 11. 68   —   25,77   —
Oxygène .... 1, 54   —   3,39   —
                      ————————
Mélange.......... 45, 35

Pour la source de *San Justo* d'Urberuaga d'Ubilla :

Azote .... 22cc28 ou soit le 77,36 pour 100
Acide carbonique .. . . . 4, 44   —   15.42   —
Oxygène .... 2. 08   —   7,22   —
                      ————————
Mélange.... . ... 28, 80

Pour la source *Antiguo* de Larrauri :

Azote .... 19cc503 ou soit le 70,83 pour 100
Acide carbonique ...... 5, 670   —   20,56   —
Oxygène .... 2, 373   —   8.61   —
                      ————————
Mélange 27. 546

Et enfin pour la source *Moderno* de Larrauri :

Azote .... 18cc369 ou soit le 50,03 pour 100
Acide carbonique..... . 13, 886   —   38,57   —
Oxygène .... 3, 745   —   10,40   —
                      ————————
Mélange.. ...... 36, 000

On voit facilement qu'à l'eau qui dissout le plus de mélange gazeux ne correspond pas la plus grande quantité d'azote. On voit aussi l'ordre dans lequel seraient placées les sources, proportionnellement à l'azote, si ces dernières n'exhalaient pas les gaz précités, suivant vérification faite. On peut encore juger de la différence qui existe entre la composition de ces mélanges et la composition de l'air dissous par les eaux potables. Dans ces dernières, les poissons trouvent de bonnes conditions de vie, conditions que l'on ne trouve pas dans les eaux azotées. J'en ai fait moi-même l'expérience en mettant quelques poissons dans les eaux d'Urberuaga d'Ubilla, et j'ai remarqué qu'au bout de deux ou trois minutes ils cessèrent de vivre. Il en est de même des sources de Larrauri et de La Aliseda. On ne peut objecter que la température influe sur cette mort presque subite, car celle de Larrauri (17°50) n'est pas de beaucoup supérieure à la moyenne de nos rivières.

Une fois connus les gaz qui sont en dissolution, nous allons aborder ceux qui se dégagent spontanément de toutes les eaux dont nous parlons.

Cette exhalaison ou dégagement est constant ou avec de légères intermittences, en forme de bulles de dimensions différentes : petites pour Panticosa, grandes pour les autres sources qui se trouvent moins élevées. Ces bulles sortent du fond des sources, traversent la masse liquide à la surface duquel elles viennent se crever. En général, elles n'ont pas d'adhérence entr'elles ni avec les murs des réservoirs où se trouvent les sources. Elles acquièrent des proportions étonnantes à Urberuaga d'Ubilla, à La Aliseda et à Larrauri. A Panticosa elles se fractionnent avec une grande rapidité, et à Alzola elles ne sortent qu'avec une intermittence très marquée. Ce n'est que récemment que l'on a pu mesurer cette sortie des gaz à la source de *San Justo* d'Urberuaga d'Ubilla ; et le résultat a été que : dans vingt-quatre heures il se dégage plus de 107 litres 84 de mélange gazeux. Mais ce chiffre n'est qu'approximatif, et je crois que là, comme aux autres sources (Aliseda, Larrauri, Arlanzón), on arrivera à un chiffre plus élevé quand nous aurons de meilleurs moyens, et que nous nous trouverons dans des conditions autres que celles où nous nous sommes trouvés jusqu'à ce jour. Ce mélange gazeux, composé seulement d'azote et d'acide carbonique pour les sources de *Santa Agueda* et de *San Juan Bautista* d'Urberuaga d'Ubilla, pour les fontaines *del Higado* de Panticosa et de *San José* de La Aliseda. contient aussi de l'oxygène dans le dégagement des autres sources.

On a donc, sur 100 volumes du mélange gazeux dégagé à Panticosa, Urberuaga et La Aliseda :

	Panticosa Fuente del Higado	Urberuaga Fuente de Santa-Agueda	La Aliseda
Azote	90,80	97,417	96,80
Acide carbonique... .	0,20	2,586	3,20
Mélange........ .	100,00	100,000	100,00

Sur 100 volumes de mélange il se dégage de la *Fuente de San Agustin* de Panticosa :

98,59   d'azote,
0,62   d'acide carbonique,
0,79   d'oxygene,

100,00   de mélange.

Pour les sources de *San Justo* d'Urberuaga d'Ubilla et d'Alzóla on a, pour 100 volumes de mélange gazeux dégagé spontanément :

San-Justo	Alzola	
96,83	93,00	d'azote,
2,56	3,03	d'acide carbonique,
0,61	3,97	d'oxygene,
100,00	100,00	de mélange.

Et en dernier lieu, pour chaque source de Larrauri, pour 100 volumes de mélange, il se dégage :

	Antiguo	Moderno
Azote................	97,32	91,68
Acide carbonique ....,.... ..	2,16	2,54
Oxygène...................	0,52	5,78
Mélange	100,00	100,00

Je ne peux insister, et cela malgré moi, sur les résultats de ces mélanges gazeux et sur la composition de l'air atmosphérique des points où se présentent les sources, moins encore sur les importantes applications que l'on a faites de ces mélanges, pour ne pas prolonger ce travail qui prendrait de trop grandes proportions.

Cependant, les grandes analogies de composition de tous les gaz spontanément dégagés par les sources situées à de si diverses élévations et dans des régions si différentes, ressortent d'une manière notable.

Nous allons donc brièvement passer en revue les corps dissous dans chaque litre d'eau des sources dont nous faisons l'étude.

Les principes fixes varient de 0ᵍ0835 (Aliseda) à 0ᵍ6104 que possède la source *Moderno* de Larrauri; les autres sont les suivants :

Principes fixes par litre d'eau

	Grammes
Aliseda	0,0835
Panticosa *(Herpes)*,.........................	0,1138
Panticosa *(Higado)*	0,1202
Panticosa *(San Agustin)*	0,1261
Panticosa *(Purgante)*	0,1545
Caldas de Oviedo.........	0,2466
Urberuaga *(Santa Agueda)*	0,3141
Urberuaga *(San Agustin)*..	0,3169
Alzola.....	0,3344
Larrauri *(antiguo)*.............	0,4633
Arlanzón	0,5266
Larrauri *(moderno)* ,..........................	0,6104

On a démontré, par les analyses chimiques, micrographi-
que et spectroscopique, la présence dans ces résidus des
corps suivants :

Acides et halogènes	Bases	Corps indifférents
Acide sulfurique.	Potasse.	Azote.
» carbonique.	Soude.	Oxygène.
» silicique libre.	Ammoniaque.	Matière organique
» » combiné	Lithine.	azotée
» phosphorique.	Chaux.	
» nitrique.	Magnésie.	
» azoteux (traces)	Strontiane.	
Chlore	Oxyde de fer.	
Fluor (traces).	» de manganèse	
	Alumine.	

Suivant ces analyses, ces corps forment en se combi-
nant : des carbonates de soude, d'ammoniaque, de chaux,
de magnésie, de strontiane, de fer et de manganèse ; des
sulfates de potasse, de soude, de chaux et de magnésie ; des
chlorures de potassium, de sodium, de lithium, de calcium
et de magnésium ; des phosphates et silicates de soude et
alumine ; et enfin le nitrate d'ammoniaque.

Ils entrent presque tous, en proportions plus ou moins
grandes, dans les eaux dont nous nous occupons, en exceptant l'acide azoteux (traces) que l'on n'a vu que dans les eaux
de la Aliseda, et des indices de fluor qui se présentent dans
celles-ci et dans celles d'Arlanzon. Comme exception, on
trouve dans les eaux de Caldas de Oviedo de faibles quantités
de carbonate de strontiane et de l'oxyde de fer.

Le chlorure de lithium est presque constant dans ces
eaux ; son poids varie entre $0^{gr},000485$ qu'il y a dans celles
de Alzola et $0^{gr},600027$ dans celles de la *Fuente del Higado* à
Panticosa ; il rentre pour $0^{gr},000194$ dans celles de la Aliseda,
et en plus petites quantités dans le restant des eaux où l'on
a pu le peser.

Comme nous devons nous séparer, et comme je vous sup-
pose fatigués par le manque de variété de mon travail, je

laisserai de transcrire ici le résultat des quantités de toutes les sources; et, pour achever plus tôt, je ne vous donnerai que les trois suivants parce qu'ils appartiennent aux sources, qui, à ma manière de voir, représentent le mieux les types des eaux azotées.

Corps dissous dans un litre d'eau	PANTICOSA fuente del Higado	URBERUAGA fuerte de Sᵗᵃ Agueda	LA ALISEDA fuente de San José
	Grammes	Grammes	Grammes
Carbonate de soude.	0,012190	0,002413	0,006865
— d'ammoniaque.	0,000240	0,002769	»
— de chaux	0,013812	0,078737	0,015056
— de magnésie	0,000680	0,035313	0,026551
— de fer	0,000812	0,003416	0,002149
— de manganese	0,000109	»	0,001958
Sulfate de potassium	0,004703	0,004163	»
— de sodium	0,032264	0,039781	0,000303
— de calcium	0,004018	0,034510	0,009707
— de magnésium	0,001080	»	0.001641
Chlorure de potassium	»	»	0,003416
— de sodium	0,014346	0,041911	0,002824
— de lithium	0,009027	»	0,000194
— de calcium	0,000999	0,026629	0,000421
— de magnésium	0,001881	0,011911	0,000443
Silice libre	0,005830	0,011400	0,006232
Silicate de sodium	0,012639	0,016367	0 001865
— d'aluminium	0,001183	»	»
Phosphate d'aluminium	0,000066	»	0,002496
Nitrate d'ammoniaque	0,000569	0,001117	»
Matière organique	0,012812	»	0,001090
Alumine, lithine, phosphates et matières organiques	»	0,003693	»]
Acides azotique, azoteux et fluor.	»	»	0,000289
TOTAL (grammes)	0,120260	0,314130	0,083500

De la composition de ces quantités ou peut en déduir eles principales substances qui peuvent agir activement dans cette légère minéralisation.

Nous considérons notre étude comme terminée, et nous

pensons avoir été très brefs, vu la grandeur du sujet. De cette étude on peut déduire :

1° Que les eaux azotées ont une très faible minéralisation ;

2° Que les gaz qui y prédominent sont l'acide carbonique et surtout l'azote ;

3° Que l'azote se dégage spontanément et en très grande abondance ;

4° Qu'elles contiennent des quantités de matières organiques azotées qui sont à remarquer (on les observe dans le résidu qu'elles laissent) ;

5° Qu'elles doivent être comprises dans les classifications hydrologiques françaises ;

6° Que l'on doit substituer, dans les œuvres françaises d'Hydrologie médicale générale, les analyses modernes que nous donnons à connaître aux anciennes que l'on continue encore de publier.

Je me considère heureux de l'occasion qui s'est présentée, et qui m'a permis de vous faire connaître les analyses modernes des eaux azotées d'Espagne. J'espère que vous les traiterez comme elles le méritent.

Je serai encore plus heureux. si vous allez un jour les juger avec soin dans cette péninsule qui s'étend de l'autre côté des Pyrénées, où l'on vous estime tant, et où l'on vous recevra avec la plus franche et la plus sincère cordialité.

Gustave SAENZ DIEZ

Bayonne, impr. Lasserre i Gamletta 20

www.ingramcontent.com/pod-product-compliance
Lightning Source LLC
Chambersburg PA
CBHW070208200326
41520CB00018B/5555